中国少儿百科

科学发现家

尹传红　主编　苟利军　罗晓波　副主编

核心素养提升丛书

四川科学技术出版社

我们非常幸运，因为我们生活在科学技术高度发达的时代。

科学家们很了不起，他们能制造出一颗颗人造卫星，并把它们发射到遥远的太空中。

有些小朋友就算没坐过飞机，但相信也见过飞机。飞机能在高高的天上飞行，是既快速、又安全的空中交通工具。

小小的无人机，虽然无法载人，但是，人们也可以操纵它在空中飞来飞去。

抹香鲸能够潜入深深的海底，人们制造的潜艇也有这样的本领。我们中国的"奋斗者"号潜水器，就能下潜到1万多米深的海底。

我们对电脑、手机、网络都很熟悉。在能上网的电脑或者手机上，我们还能看到精彩的网络直播内容呢！

不管是人造卫星、飞机、无人机和潜水器，还是电脑、手机和网络，都是科学技术的成果。这么神奇的"科学"，到底是什么呢？

简单一点来说，科学是人们对世界上和宇宙中的种种事物进行深入研究后，所认知到的各类知识。这些科学知识是大众公认的，是我们全人类的宝贵财富。

世界上的事物多得数不清。所以，科学是分为多个门类的，包括物理学、化学、生物学、信息技术、航天科学、天文学等。

接下来就给大家介绍一些奇妙有趣的科学知识吧！

物理学研究的是物质的结构和物质的运动规律，它包含力学、光学等多门学科。

力有多种形式，木头能浮在水面上，是因为水有"浮力"。

地球有"引力"，吸引着地面上的物体，使物体受到一种"重力"。

另外，还有"阻力""升力""摩擦力""弹力""杠杆力""惯性力"等。

即使一些东西没有接触到磁铁，也会受到它的力，这就是"磁力"。

光是一种波，也是一种粒子，它的能量能使物体升温。我们的脸被太阳光照射到，就会感到暖烘烘的。

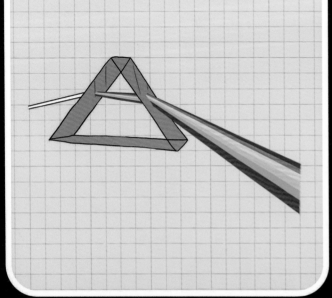

光可以沿直线传播，也可以反射和折射。空中美丽的彩虹就是光的折射和反射形成的。

光的传播速度非常快，在没有空气的真空中，它的速度超越了所有的物体。

物理学中还有声学、热学、电学等内容。

物体振动时会产生声波，最后使我们听到了声音。看不见的声波能在空气中传播，也能通过物体传播。

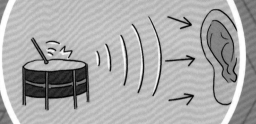

声波还能反射。大海里的海豚发出叫声，产生的声波触碰到猎物后，会反射回来，被海豚接收到。这样，海豚就知道猎物在哪个方向了。

声音的大小、强弱程度，用"分贝"来表示。

我们用手指抚摩耳朵的声音非常小，是0分贝；平时我们说话的声音，一般是40~60分贝。雷电的声音就太大了，最大可达120分贝。

化学研究的是物质的组成、结构、性质和它们的变化规律。

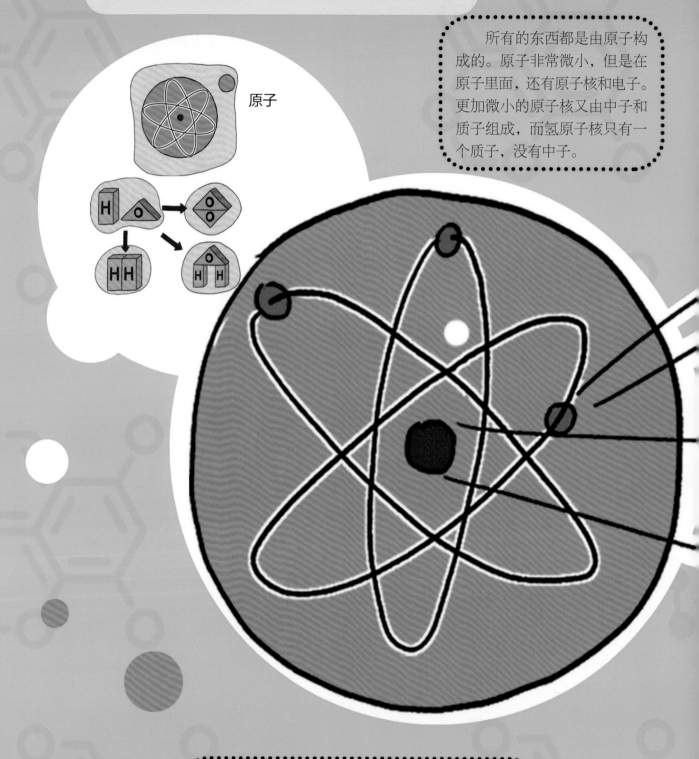

原子

所有的东西都是由原子构成的。原子非常微小，但是在原子里面，还有原子核和电子。更加微小的原子核又由中子和质子组成，而氢原子核只有一个质子，没有中子。

原子能构成分子。比如，两个氧原子构成一个氧分子，一个氧原子和两个氢原子构成一个水分子。氧气和水分别由数不清的氧分子和水分子构成。

电子

同一种原子，统称为元素，如氧元素、氢元素等。自然界中还有汞元素、铁元素、金元素等元素，常见的元素一共有几十种。不管是固体物质、液体物质还是气体物质，都是由这些元素构成的。

原子核

化学变化能使一种物质生成新的物质，但是不管怎样变化，新物质的元素种类及原子的总数和原物质是一样的。不过，原子的组合方式已经发生改变了。

质子 / 中子

在化学变化中发生的反应，称为"化学反应"，这种反应往往会发出光亮、产生热量、变色、生成沉淀物等。

小苏打颗粒

水蒸气气泡

二氧化碳气泡

在日常生活中，厨师们蒸包子时包子也会发生化学反应。这样的化学反应，能使蒸熟的包子更加蓬松、好吃。

燃烧也是一种化学反应，是可燃物（如纸）和助燃物发生的化学反应。爆竹爆炸同样是化学反应。

木炭粉

硫黄粉

硝酸钾

眼镜片 = 卤化银 + 氧化铜

在阳光下，变色眼镜的镜片是黑漆漆的。可是，到了光线柔和的地方，它的黑色镜片又变成无色透明的，就像变魔术一样。

原来，变色眼镜的镜片里含有多种化合物，随着光线的强弱变化，这些化合物会进行化合或分解，从而改变镜片的颜色。

阳光
氧化碳
水蒸气
葡萄糖等养分
水蒸气
雨
水分
养分
土壤水
地下水
根系

植物的光合作用也属于化学反应。它们通过光合作用合成养分，使自己健康茁壮地成长。

生物学研究的对象当然是各种各样的生物。

所有的生物都具有生命，都需要营养，能呼吸，能排出体内的废物。它们都能生长，还能繁殖后代。

鱼、虫、鸟、兽都是动物，树木、花、草都是植物。动物和植物都是生物。

许多小朋友都吃过美味可口的蘑菇，但是如果你们认为蘑菇是植物，那就错了。蘑菇虽然也能从地里长出来，但它们并不是植物，而是真菌。真菌也是生物。

世界上动物的种类太多了，有地上跑的，土里钻的，水中游的，天上飞的。生物学家把所有的动物分成两大类：

一类是有脊椎的动物，如牛、羊、鸡等，叫"脊椎动物"。

另一类是没有脊椎的动物，像蝴蝶、蜘蛛等，则叫"无脊椎动物"。

脊椎动物又分为哺乳动物、鱼类、鸟类、爬行动物、两栖动物等。

哺乳动物是最高等的动物，有比较发达的大脑，鹿、大象、熊猫、袋鼠等都是哺乳动物。这类动物最重要的特征是：以胎生的方式生下幼崽，并用乳汁喂养它们。

地球上的哺乳动物总共有4 000多种。陆地上的哺乳动物都长着毛发。

那么，海洋里有哺乳动物吗？有，它们是鲸鱼、海豚等。

所有的鱼都生活在水中，它们都是变温动物，如果环境温度改变了，鱼的体温也会随之改变。

哺乳动物就不同了，它们是恒温动物，体温能保持不变。

鸟类也是恒温动物，它们长着翅膀，大多数能飞。秋天时，经常可以看到在空中飞行的一行行大雁。

蛇、乌龟、蜥蜴、鳄鱼等，都属于爬行动物。

它们和鱼类一样，是变温动物；它们又和鸟类一样，生殖方式是卵生。

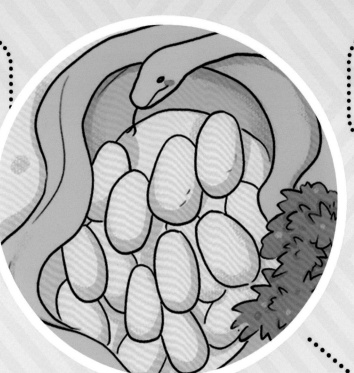

两栖动物是从鱼类进化而来的，它们既可以在水中生活，也可以到岸上活动。它们长着四条腿，没有毛发。青蛙、娃娃鱼等就是两栖动物。

两栖动物的幼崽的形状往往和成年后差别很大。青蛙最小的时候是连一条腿都没有的小蝌蚪。

在爬行的时候，它们的身体和腿一般都是附在地面上的。远古时代的霸王——恐龙也是爬行动物。

无脊椎动物中，除了蝴蝶、蜘蛛，还有瓢虫、水母等。

无脊椎动物一般都很小，但也有非常庞大的，像我们在动画片里看到的大王乌贼。无脊椎动物不但数量巨大，种类也极多，全世界总共有100多万种，占所有动物种类数量的95%。

植物随处可见，学校里、马路边的树木，家里盆栽的花卉，池塘里的浮萍，石头上的青苔，海水里的海草等，都是植物。

植物主要由根、茎、叶、花和果实构成。根、茎、叶都是植物的营养器官，可以合成营养和吸收营养。不过，并不是所有的植物都会开花，许多植物开了花也不会结果。

花瓣

花药

萼片

花丝

种类繁多的植物，从外形上可以分为乔木植物、灌木植物、亚灌木植物、草本植物和藤本植物五大类。

也有一些植物，根本就没有种子，但它们有孢子。这种孢子可以分裂开，并形成多细胞体的微小细胞，然后长出新的植株来。

植物也会繁殖，很多植物的繁殖都依靠种子。许多参天大树都是由一颗小小的种子发育而成的。有些植物的种子藏在果实里，但裸子植物的种子是裸露在外面的。

19

经常出现在餐桌上的蘑菇、木耳和价格比较昂贵的灵芝等，都是大型、高等真菌。

酵母菌是一种单细胞的超微型生物，即使在没有氧气的环境中，它们也能生存。

真菌中有霉菌和酵母菌。有些霉菌能使食物发霉，产生毒素。

作为有生命的生物，真菌也能繁殖。有些真菌能产生孢子，这些孢子又会长成新的个体。

据科学家研究，迄今人类已经发现的真菌共有7万多种。

生活在水里的原生生物大多非常微小，大部分只有一个细胞，如草履虫。人类肉眼能看见的水藻，其实是大量原生生物聚集在一起形成的。

细菌也是单细胞生物，存在于水、空气和我们的身体里。人体中的细菌又分为有益菌和有害菌。

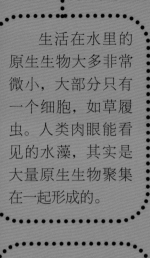

病毒是比细菌更小的生物，小得连细胞都没有，只好在细胞里寄生和繁殖，能引发人类和动物患上各种疾病。所以，我们一定要注意预防病毒。

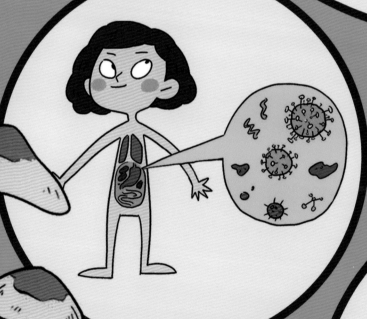

病毒在细胞中寄生、繁殖。

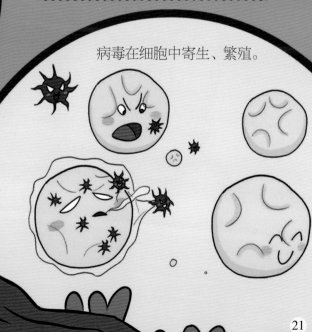

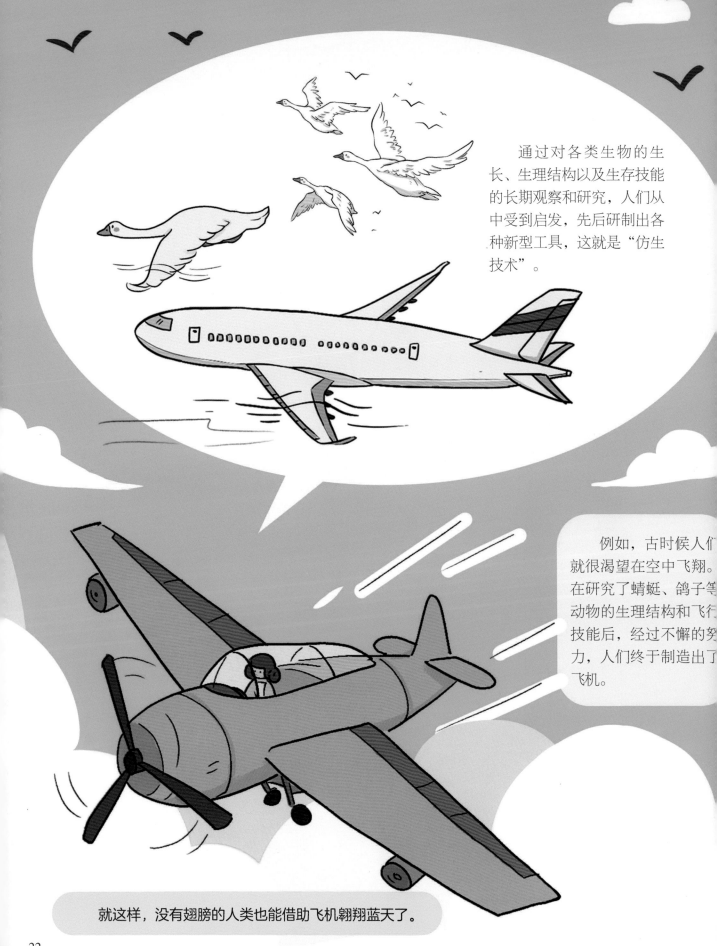

通过对各类生物的生长、生理结构以及生存技能的长期观察和研究，人们从中受到启发，先后研制出各种新型工具，这就是"仿生技术"。

例如，古时候人们就很渴望在空中飞翔。在研究了蜻蜓、鸽子等动物的生理结构和飞行技能后，经过不懈的努力，人们终于制造出了飞机。

就这样，没有翅膀的人类也能借助飞机翱翔蓝天了。

鱼为什么能在水中上浮和下沉呢？原来，鱼鳔里充满了空气，空气增多，鱼就会浮起来；而空气减少，鱼就能往下沉了。

根据这个原理，人们发明了潜艇。潜艇上安装着水箱，水箱里的水量减少，潜艇就上浮；水量增加，潜艇就会下沉。

各种鱼儿可以在水里游来游去，是因为它们长着鱼鳍。于是，人们仿照鱼的身体构造研制出了船，还仿照鱼鳍造出了划水的桨橹。

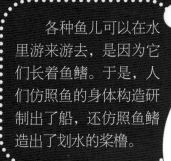

苍蝇的两只翅膀后面还有一对小小的平衡棒，叫"楫翅"。人们研究了苍蝇楫翅的巧妙构造后，发明了振动陀螺仪。

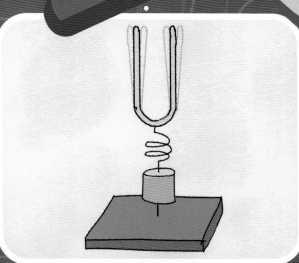

宁静的夜晚，常常有一颗颗闪亮的"小星星"在飞舞，它们就是萤火虫。

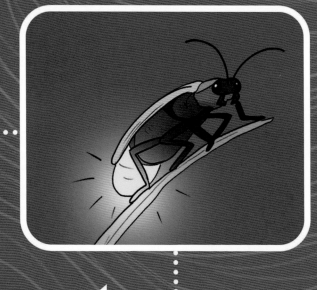

这些精灵般的小飞虫的身上长着神奇的发光器。科学家们研究了它们的发光器后，发现了荧光素和荧光素酶，最后制造出了荧光灯和小朋友们都很喜欢的荧光棒。

信息技术的英文缩写是"IT"，指利用电脑和遥感技术、现代通信技术、智能控制技术等获取、传递、存储、显示和应用信息的技术。无人机自动飞行和汽车自动巡航，就是依靠 IT 技术实现的。

无人机自动飞行，是由无线电遥控设备和它自身设置的程序控制的。

未来，自动驾驶汽车不需要司机操作，也能根据导航线路行驶，到达目的地。

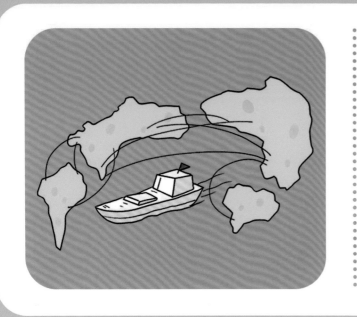

在茫茫的大海上，远航的船只可以利用信息技术确定航行路线，绝不会在航行途中偏离方向。

导航卫星是人造卫星的一种，它虽然处在太空中，却能向地球上所有的船舶、飞机、车辆发送信息，为它们指示正确的方向。

以物联网为基础，通过物联化、互联化、智能化的方式，使城市实现智慧式管理和运行，这就是"智慧城市"。智慧城市让人们的生活更加便利、美好，这是信息技术的一大贡献。

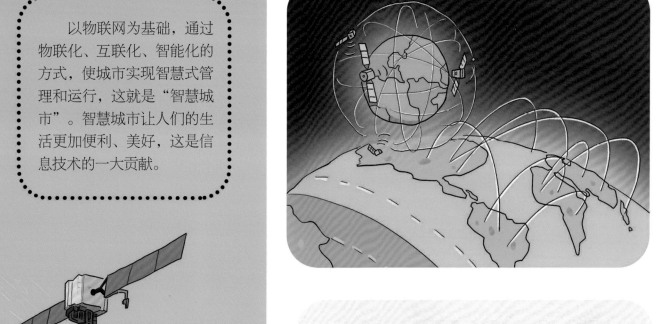

智慧城市的快速发展，使我们不仅在家里就能看到网络直播的比赛、表演等活动，还能随时随地接受在线教育。作为学生，即使和老师远隔万里，也能在电脑和手机上听到老师讲课，不会出现误差，这是远程教育最先进、最有效的方式。

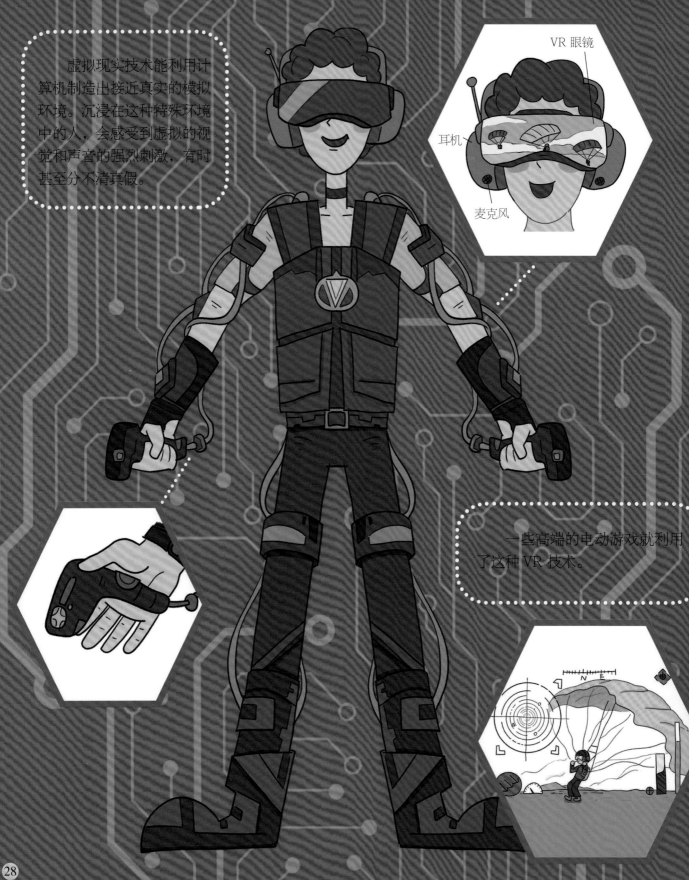

大家知道"VR"吗？这是"虚拟现实技术"的英文缩写。

虚拟现实技术能利用计算机制造出接近真实的模拟环境。沉浸在这种特殊环境中的人，会感受到虚拟的视觉和声音的强烈刺激，有时甚至分不清真假。

VR 眼镜

耳机

麦克风

一些高端的电动游戏就利用了这种 VR 技术。

当然，这种技术还有更实用的功能。飞行员可以利用 VR 技术进行飞行训练，这种训练和真实训练是一样的，同样能达到提升飞行员驾驶技术的目的。

在建筑行业中，建筑师还可以用 VR 技术来检测即将施工的建筑，这样可以发现存在的问题，并提前解决。

VR 技术还能应用到士兵训练和医生训练中。在这种特殊的训练中，士兵可以消灭"敌人"并摧毁敌方的"军事设施"，医生则可以进行模拟手术。

五　神奇的航天科学和神秘的天文学

航天是指进入、探索、开发和利用太空以及地球以外天体各种活动的总称。目前，在航天科学领域，中国已经取得了举世瞩目的辉煌成就。

中国曾经发射了大量航天器，成功地将其送到太空中，包括人造卫星、月球车、火星车等。

人造卫星在太空中环绕着地球进行科学探测工作。有些人造卫星无法和地球直接互传信息，必须由中继卫星转递。

2018年5月，中国成功发射了"鹊桥"中继卫星。

中国的"天问一号"探测器，已经飞临火星，它携带的"祝融"号火星车，也已经成功登陆火星表面。

最早在月球背面软着陆的航天器，是中国的"嫦娥四号"探测器，"鹊桥"中继卫星就是专门为它服务的。

"玉兔"号是中国的第一辆月球车。在月球表面，它能承受低至-180℃和高达150℃的温差。

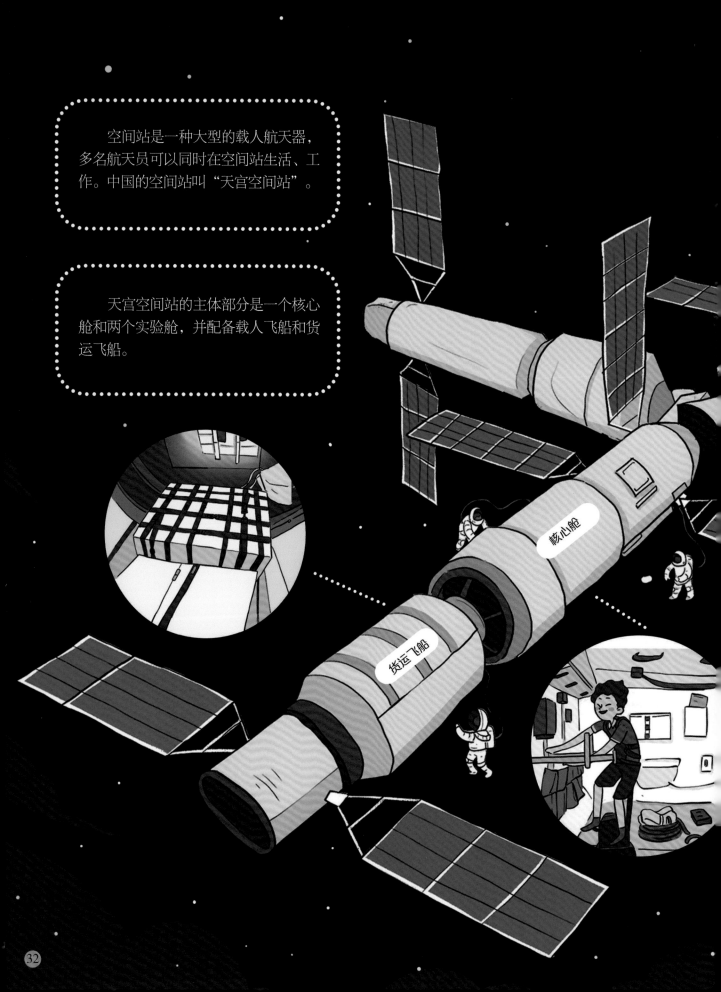

空间站是一种大型的载人航天器，多名航天员可以同时在空间站生活、工作。中国的空间站叫"天宫空间站"。

天宫空间站的主体部分是一个核心舱和两个实验舱，并配备载人飞船和货运飞船。

核心舱

货运飞船

载人飞船

实验舱

核心舱是航天员们生活的地方，实验舱则是他们进行各类空间科学实验的地方。载人飞船供航天员们执行航天任务时乘坐，货运飞船则定期为空间站运送各类必需品。

天文学研究的是无边无际的宇宙和宇宙中除地球以外的众多星球。

在浩瀚的宇宙中，有无数个星球在运转，这些星球构成了一个个星系。银河系是宇宙中的一个星系，太阳系只是银河系的一小部分。

在太阳系中，有太阳、地球和月亮，还有金星、木星、水星、火星等大行星，以及数不清的小行星、矮行星等。

太阳系中最大的星球是太阳，它是自身能发光发热的恒星。地球、月亮、火星等不能发光，所以不是恒星。

太阳就像一个王者，太阳系里所有的星球都围绕着它转动。如果没有温暖明亮的阳光，地球上绝不会诞生任何生物。

月亮比地球小，它围绕着地球转，是地球的天然卫星。

太阳系里有八大行星，分别是水星、金星、地球、火星、木星、土星、天王星、海王星。

这八大行星中，土星体积较大，天然卫星也是最多的，已经发现的有 145 颗。

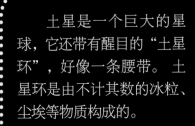

土星是一个巨大的星球，它还带有醒目的"土星环"，好像一条腰带。土星环是由不计其数的冰粒、尘埃等物质构成的。

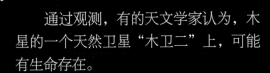

通过观测，有的天文学家认为，木星的一个天然卫星"木卫二"上，可能有生命存在。

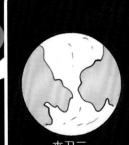

木卫二

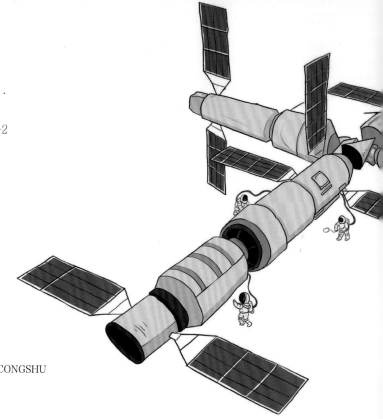

图书在版编目 (CIP) 数据

科学发现家 / 尹传红主编；苟利军，罗晓波副主编 .
成都：四川科学技术出版社，2024.7. -- (中国少儿
百科核心素养提升丛书). -- ISBN 978-7-5727-1441-2

Ⅰ . N19-49

中国国家版本馆 CIP 数据核字第 2024V6R116 号

中国少儿百科　核心素养提升丛书
ZHONGGUO SHAOER BAIKE HEXIN SUYANG TISHENG CONGSHU

科学发现家
KEXUE FAXIANJIA

主　　编　尹传红

副 主 编　苟利军　罗晓波

出 品 人　程佳月

责任编辑　夏菲菲

选题策划　鄢孟君

封面设计　韩少洁

责任出版　欧晓春

出版发行　四川科学技术出版社
　　　　　成都市锦江区三色路 238 号　邮政编码 610023
　　　　　官方微博 http://weibo.com/sckjcbs
　　　　　官方微信公众号　sckjcbs
　　　　　传真 028-86361756

成品尺寸　205mm×265mm

印　　张　2.25

字　　数　45 千

印　　刷　成业恒信印刷河北有限公司

版　　次　2024 年 7 月第 1 版

印　　次　2024 年 9 月第 1 次印刷

定　　价　39.80 元

ISBN　978-7-5727-1441-2

邮　　购：成都市锦江区三色路 238 号新华之星 A 座 25 层　邮政编码：610023
电　　话：028-86361770